BEI GRIN MACHT SICH IHR WISSEN BEZAHLT

- Wir veröffentlichen Ihre Hausarbeit, Bachelor- und Masterarbeit

- Ihr eigenes eBook und Buch - weltweit in allen wichtigen Shops

- Verdienen Sie an jedem Verkauf

Jetzt bei www.GRIN.com hochladen und kostenlos publizieren

Bibliografische Information der Deutschen Nationalbibliothek:

Die Deutsche Bibliothek verzeichnet diese Publikation in der Deutschen National-
bibliografie; detaillierte bibliografische Daten sind im Internet über http://dnb.d-
nb.de/ abrufbar.

Impressum:

Copyright © 2008 GRIN Verlag, Open Publishing GmbH
Druck und Bindung: Books on Demand GmbH, Norderstedt Germany
ISBN: 9783640571642

Anna Hansen

Struktur und Stabilität der Silikate

GRIN Verlag

Christian-Albrechts-Universität

Institut für Geowissenschaft

Struktur und Stabilität der Silikate

WS 2007/2008

von

Anna-Lena Hansen

Inhaltsverzeichnis

1 Einleitung

Die Silikate sind die am Weitesten verbreitete Mineralklasse in Erdkruste und Mantel. Sie sind nicht nur gesteinsbildend, sondern dienen auch als Schmuck- und Edelsteine (Opal, Peridot [Olivin], Mondstein, Aquamarin, etc.). Durch ihre enorme Bandbreite an Strukturen werden sie auch für viele technische Anwendungen genutzt (Talk als Schmiermittel und in Kosmetika, Zeolithe als Ionentauscher oder zum Cracken von Erdöl, Hochfeuerfeste Keramiken, etc.). Die ersten Untersuchungen an Silikaten mittels Röntgenmethoden wurden bereits 1926 durchgeführt (*Taylor* und *Bragg*). *Strunz* führte 1937/38 die Einteilung der Silikate nach ihrem Bauprinzip ein und entwickelte damit erste Ideen von *Machatschki* (1928) und *Bragg* (1930) weiter. Grundbaustein aller Silikate ist das SiO_4- Tetraeder, das in Abbildung 1 dargestellt ist.

2 Das $[SiO_4]$- Tetraeder

Im $[SiO_4]$- Tetraeder ist ein Silizium von vier tetraedrisch angeordneten Sauerstoffen umgeben.

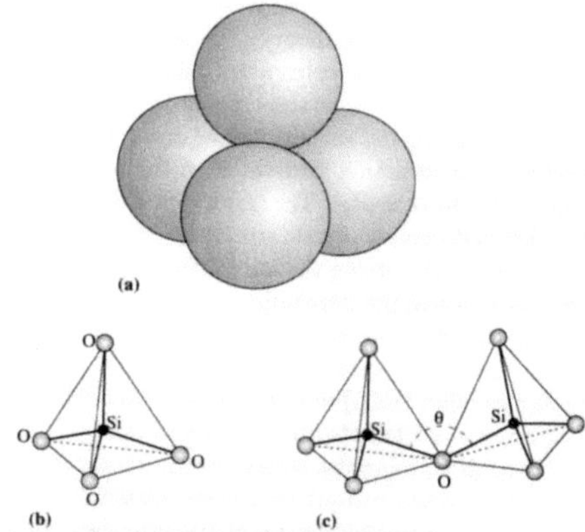

Abbildung 1: Das $[SiO_4]$- Tetraeder (a) vier als Kugeln dargestellte Sauerstoffatome, im Zentrum liegt das kleinere Siliziumatom. (b) Ein übersichtlicheres Modell des Tetraeders, das die $Si - O$ Bindungen zeigt. c) Zwei Tetraeder, die über ein Brückensauerstoff verbunden sind. θ stellt den Intertetraederwinkel dar.[1]

Die weite Bandbreite an Silikaten ist begründet durch zwei herausragende Eigenschaften des $[SiO_4]$- Tetraeders. Zum Einen die enorme Stabilität des Tetraeders mit einer mittleren Bindungslänge $Si - O$ von 1.64Å und einem Intratetraederwinkel von 109°28′.

Im Intratetraederwinkel ergibt sich eine Flexibilität von etwa 6° dadurch, dass die Bindung im Tetraeder nicht rein kovalenter Natur ist, sondern auch einen ionischen Anteil von etwa 50% aufweist. Zum Anderen ist der Intertetraederwinkel sehr flexibel. Er kann zwischen 120° und 180° variieren; hat jedoch nach Gibbs et al. (1981) ein Energieminimum bei $Si - O - Si = 140°$ und $Si - O = 1.60Å$, wie in Abbildung 2 zu erkennen ist. Die Tetraeder können sowohl ecken-, kanten- als auch flächenverknüpfte Strukturen

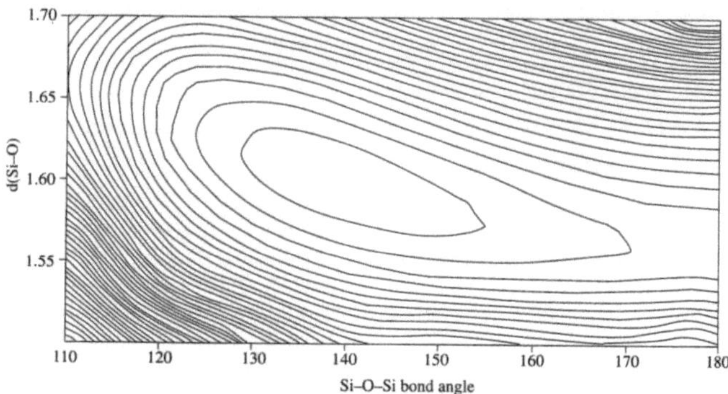

Abbildung 2: Berechnetes Konturendiagramm. Es zeigt die Änderung des Energiepotentials eines Si_2O_7 Moleküls mit variierenden $Si - O$ Bindungslängen und Winkeln.[1]

ausbilden, wobei Sauerstoff als Brückensauerstoff fungiert und eine $Si - O - Si$-Bindung entsteht. Da die eckenverknüpften Tetraeder die höchste Stabilität aufweisen haben sie an gesteinsbildenden Silikaten den größten Anteil. Häufig kann eine Substitution von Si durch Al in Silikaten beobachtet werden. Dies liegt an einem ähnlichen Ionenradius der beiden Elemente ($Si \sim 1.1Å; Al \sim 1.2Å$). Durch eine Al-Substitution erhöht sich der ionische Charakter der Bindung auf etwa 63%. Des Weiteren ist die $Al - O$-Bindung im Mittel länger (1.75Å) als die $Si - O$-Bindung, was zu Folge hat, dass das AlO_4 Tetraeder etwas größer ist und dass sich die Intratetraederwinkel verändern. Da die Bindung $Al - O - Al$ ein größeres Energiepotential aufweist als eine $Al - O - Si$- Bindung kommt es in Silikaten zu einer Vermeidung dieser Bindungen. Dies führt dazu, dass maximal ein Verhältnis $Al : Si$ von $1 : 1$ in eckenverknüpften Silikaten vorkommt (*Löwenstein'sche Regel*)

3   Silikate

Silikate werden im Allgemeinen nach dem Polymerisationsgrad ihrer $[SiO_4]$- Tetraeder eingeteilt. Betrachtet man die Formalladungen der Ionen (Si^{4+} und O^{2-}) ergibt sich für das Tetraeder eine negative Ladung ($[SiO_4]^{4-}$). Diese negative Ladung, die je nach Polymerisationsgrad unterschiedlich groß ist, wird durch Kationen ausgeglichen. Setzt man voraus, dass die Tetraeder nur an den Ecken polymerisieren und ein Sauerstoff nur zwei Tetraeder miteinander verbinden kann, ergibt sich folgende Einteilung.

Inselsilikate Werden auch *Neso*-Silikate genannt. Die $[SiO_4]$- Tetraeder liegen isoliert in der Struktur vor. Das $Si : O$-Verhältnis liegt bei $1 : 4$.

Gruppensilikate Werden auch *Soro*-Silikate genannt. Die $[SiO_4]$- Tetraeder liegen als Dimere in der Struktur vor. Das $Si : O$-Verhältnis liegt bei $2 : 7$.

Ringsilikate Werden auch *Cyclo*-Silikate genannt. Die $[SiO_4]$- Tetraeder liegen als Dreier-, Vierer- oder Sechserringe in der der Struktur vor. Das $Si : O$-Verhältnis liegt bei $1 : 3$.

Einfach- und Doppelkettensilikate Werden auch *Ino*-Silikate genannt. Die $[SiO_4]$- Tetraeder liegen als eindimensionale Einfach-oder Doppelketten in der Struktur vor. Das $Si : O$-Verhältnis liegt in den Einfachketten bei $1 : 3$ und bei den Doppelketten bei $4 : 11$.

Schichtsilikate Werden auch *Phyllo*-Silikate genannt. Die $[SiO_4]$- Tetraeder liegen als zweidimensionale Schichten in der Struktur vor. Das $Si : O$-Verhältnis liegt bei $2 : 5$.

Gerüstsilikate Werden auch *Tecto*-Silikate genannt. Sind alle Sauerstoffe eines Tetraeders mit einem weiteren Tetraeder verbunden bildet sich ein Gerüst. Das $Si : O$-Verhältnis liegt bei $1 : 2$.

Die in der Vorlesung behandelten Silikate werden im Folgenden näher erläutert.

4 Inselsilikate

In der Gruppe der Inselsilikate werden isolierte $[SiO_4]$- Tetraeder durch unterschiedliche Kationen miteinander verknüpft. Diese besetzen Oktaederplätze in der Struktur. Zu den Inselsilikaten zählen Olivine, Granate und die Aluminiumsilikate Andalusit, Kyanit und Sillimanit.

4.1 Olivin

Olivin hat die allgemeine Formel M_2SiO_4, wobei M durch Ca, Mg und Fe^{2+} besetzt sein kann. Die häufigsten natürlichen Olivine sind Forsterit (Mg_2SiO_4) und Fayalit (Fe_2SiO_4), zwischen denen eine vollständige Mischungsreihe existiert. Zwischen der weniger häufigen Mischreihe Monticellit ($CaMgSiO_4$) - Kirschteinit ($CaFeSiO_4$) und der Forsterit Fayalit-Reihe gibt es auf Grund der großen Ca^{2+}-Ionen keine Mischbarkeit.

Struktur

Kristallsystem: *orthorhombisch*
Kristallklasse: *mmm*
Raumgruppe: *Pbnm*

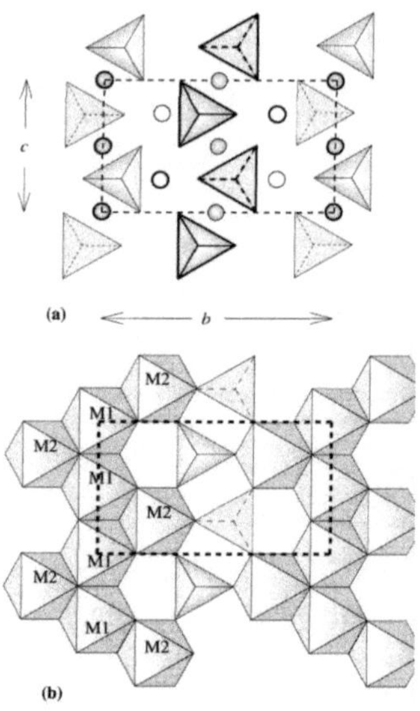

Abbildung 3: Die Olivinstruktur. a) eine Projektion der Struktur mit Blick entlang der a-Achse, die orthorhombische Elementarzelle ist gestrichelt dargestellt. b) Darstellung der Verknüpfung der $M1$- und $M2$- Oktaeder, sowie der SiO_4- Tetraeder. [1]

Wie in Abbildung 3 zu erkennen ist, gibt es zwei Oktaederplätze, $M1$ und $M2$, wobei die $M1$-Plätze auf Inverssionszentren und die $M2$-Plätze auf Spiegelebenen liegen. In der idealen Olivinstruktur werden beide Oktaederplätze als regulär betrachtet. In der realen Struktur zeigt sich jedoch, dass die Plätze leicht verzerrt sind und dass der $M2$-Platz etwas größer ist. Diese Tatsache hat zu Folge, dass Ca bevorzugt die $M2$-Plätze besetzt. Betrachtet man die Sauerstoffe der Struktur ergibt sich eine leicht verzerrte hexagonal dichteste Kugelpackung, deren dichtgepackte Schichten parallel der (100)-Ebene liegen. Die M-Kationen sitzen hier auf der Hälfte der Oktaederplätze und Si auf einem Achtel der Tetraederplätze.

Stabilität

Durch Änderungen der Druck und Temperaturbedingungen ändert sich die Größe der M-Oktaeder, während die Tetraeder nahezu stabil bleiben. Das liegt an der stärkeren $Si - O$-Bindung im Gegensatz zur $M - O$-Bindung. Bei erhöhter Temperatur nimmt die Oktaedergröße signifikant zu und bei Druckerhöhung ab. Olivin ist im oberen Erdmantel bis zu einer Tiefe von etwa $400km$ stabil. In der Übergangszone ($400km - 670km$) wird er in eine Spinell-Struktur umgewandelt. Diese Struktur ist dichter und bildet annähernd eine kubisch dichteste Kugelpackung.

4.2 Granate

Der Granat hat die allgemeine Formel $A_3^{2+}B_2^{3+}Si_3O_{12}$, wobei der 8-fach koordinierte A-Platz durch Ca^{2+}, Mg^{2+}, Fe^{2+} oder Mn^{2+} besetzt werden kann und der 6-fach koordinierte B-Platz durch Fe^{3+}, Al^{3+} oder Cr^{2+}. Natürliche Granate lassen sich in zwei Gruppen teilen. Zum einen die *Pyralspite*, deren B-Kation stets Aluminium ist und zum Anderen die *Ugrandite* auf deren A-Platz ein Ca sitzt. Die Bezeichnungen ergeben sich aus den Namen der jeweils drei Endglieder Pyrop ($Mg_3Al_2(SiO_4)_3$), Almandin ($Fe_3Al_2(SiO_4)_3$), Spessartin ($Mn_3Al_2(SiO_4)_3$), Uvarovit ($Ca_3Cr_2(SiO_4)_3$), Grossular ($Ca_3Al_2(SiO_4)_3$) und Andradit ($Ca_3Fe_2(SiO_4)_3$).

Struktur

Kristallsystem:	*kubisch*
Kristallklasse:	$m\bar{3}m$
Raumgruppe:	$Ia\bar{3}d$

Im Granat liegen isolierte $[SiO_4]$- Tetraeder auf $\bar{4}$-Achsen (vgl. Abbildung 4). Sie sind eckenverknüpft mit $[BO_6]$ Oktaedern, die auf $\bar{3}$-Achsen liegen. Zwischen Tetraedern und Oktaedern enstehen Lücken mit stark verzerrter Würfelkoordination ($[AO_8]$). Die Oktaeder haben eine Varianz von $0° - 5°$, sie sind also nicht bis kaum verzerrt. Die Tetraeder hingegen zeigen eine Varianz von $20° - 65°$, sind also je nach Zusammensetzung des Granats stark verzerrt.

Stabilität

Da sich Granate bei hohen Drücken und Temperaturen ab etwa $700°C$ bilden haben sie in der metamorphen Petrologie eine wichtige Rolle. Die Reaktion

$$3CaAl_2Si_2O_8 \;=\; Ca_3Al_2Si_3O_{12} + 2Al_2SiO_5 + SiO_2$$
$$Anorthit \;=\; Grossular + Aluminosilikat + Quarz \tag{1}$$

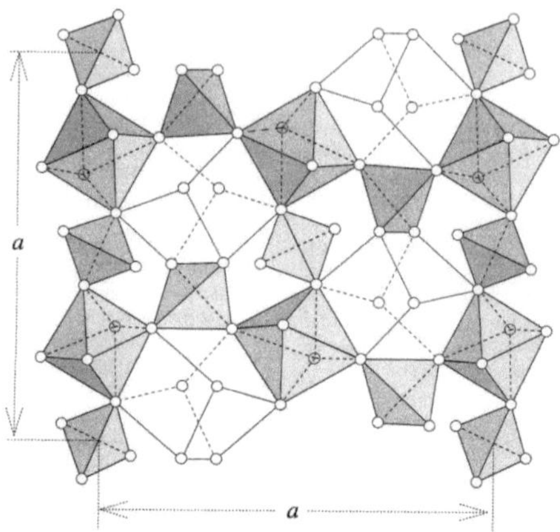

Abbildung 4: Teil der Granatstruktur. Dargestellt ist die Verknüpfung der isolierten SiO_4-Tetraeder und der BO_6- Oktaeder. Nach Novak und Gibbs, 1971. [1]

wird beispielsweise als Geobarometer genutzt (*GASP* Granat-Aluminosilikat-Plagioklas-Geobarometer). Des Weiteren markiert die Reaktion

$$2(Mg, Fe)_2Si_2O_6 + CaAl_2Si_2O_8 \quad = \quad (Fe, Mg)_3Al_2Si_3O_{12} + Ca(Mg, Fe)_2Si_2O_6 + SiO_2$$

$$Orthopyroxen + Anorthit \quad = \quad Granat + Klinopyroxen + Quarz \tag{2}$$

den Übergang der Niedrig-Druck-Granulit-Fazies zur Hoch-Druck-Granulit-Fazies.

4.3 Aluminium- Silikate

Zu den Aluminium Silikaten zählen die Alumo- und die Aluminosilikate. Unter Alumosilikaten versteht man Silikate, die aus $[SiO_4]$- und $[AlO_4]$- Tetraedern aufgebaut sind. Dazu gehören beispielsweise die Feldspäte. Die Aluminosilikate hingegen sind aus $[AlO_6]$- Oktaedern aufgebaut. Zu dieser Grupper gehören unter anderem die Al_2SiO_5- Polymorphe.

4.3.1 Al_2SiO_5-Gruppe

Die Al_2SiO_5-Gruppe umfasst die Minerale Kyanit, Andalusit und Sillimanit, die je nach Druck und Temperaturbedingungen stabil sind.

Struktur

Kristallsystem: Andalusit *orthorhombisch*

Kyanit *triklin*

Sillimanit *orthorhombisch*

Kristallklasse: Andalustit $2/m2/m2/m$

                      Kyanit $\bar{1}$

                      Sillimanit *mmm*

Raumgruppe: Andalusit *Pnnm*

                      Kyanit *P$\bar{1}$*

                      Sillimanit *Pnma*

Die drei Al_2SiO_5-Polymorphe haben gemein, dass die Struktur aus kantenverknüpften $[AlO_6]$-Oktaedern aufgebaut ist. Diese bilden Ketten entlang der c-Achse und beinhalten die Hälfte des Aluminiums. In der Koordination der verbleibenden Hälfte unterscheiden sich die Polymorphe. Diese Al-Polyeder alternieren mit $[SiO_4]$- Tetraedern und sind in den Mineralen unterschiedlich koordiniert. 4-fach im Sillimanit ($Al^{[6]}Al^{[4]}SiO_5$), 5-fach im Andalusit ($Al^{[6]}Al^{[5]}SiO_5$) und 6–fach im Kyanit ($Al^{[6]}Al^{[6]}SiO_5$).

Stabilität

Die Aluminosilikate geben wichtige Hinweise auf Druck- und Temperaturbedingungen bei der Metamorphose. Die dichteste Phase Kyanit (14% dichter als Andalusit und 11.5% als Sillimanit) ist die Hoch-Druck Modifikation und Sillimanit die Hoch-Temperatur-Modifikation.

4.3.2 Mullit

Mullit hat die allgemeine Formel $Al_{4+2x}Si_{2-2x}O_{10-x}$. x ist hierbei die Anzahl der fehlenden Sauerstoffe pro Formeleinheit und kann Werte von 0.17 bis 0.6 annehmen. Das Fehlen des Sauerstoffs ist bedingt durch den nötigen Ladungsausgleich durch die Aluminiumsubstitution.

$$2Al^{3+} + \square \;\; = \;\; 2Si^{4+} + O^{2-} \tag{3}$$

$\square$ stellt eine Leerstelle auf der Sauerstoffposition dar.

Struktur

Kristallsystem: *orthorhombisch*

Kristallklasse: *$2/m2/m2/m$*

Raumgruppe: *Pbam*

Die Mullit-Struktur ist der von Sillimanit ähnlich wie man bei der Gegenüberstellung der Strukturen in Abbildung 5 leicht erkennt. Im Sillimanit bilden die eckenverknüpften $[AlO_4]$-Tetraeder und die $[SiO_4]$- Tetraeder Doppelketten. Im Mullit ist mehr Silizium

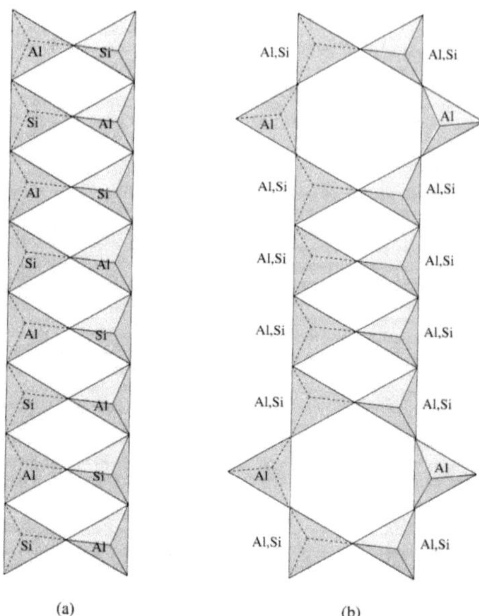

(a)   (b)

Abbildung 5: Ein Vergleich der SiO_4- und AlO_4-Tetraeder Doppelkette des Sillimanits (a) und der des Mullits. Im Mullit ist die Al, Si- Ordnung entlang der Ketter verloren und ein extra Aluminium führt zur Vakanz auf einem Sauerstoffplatz. [1]

durch Aluminium ersetzt, wodurch die Tetraeder nicht mehr alternieren. Die Doppelketten sind ungeordnet, was zu einem Symmetrieverlust entlang c führt.

Stabilität

Mullit ist einer der Hauptbestandteile im Porzellan, er entsteht beim Brennen von Kaolonit ab Temperaturen von ca. $1200°C$. Er ist bis etwa $1800°C$ stabil.

5 Kettensilikate

Die Kettensilikate umfassen die Einfach- und Doppelkettensilikate (Pyroxene und Amphibole). Beiden gemein sind die Ketten aus eckenverknüpften $[SiO_4]$- Tetraedern, die zwei Brückensauerstoffe pro Tetraeder haben.

5.1 Pyroxene

Pyroxene haben die allgemeine Formel $M2M1Si_2O_6$, wobei der $M2$- Platz durch Ca^{2+}, Mg^{2+}, Fe^{2+}, Mn^{2+}, Li^+, Na^+ und der oktaedrische $M1$- Platz durch Mg^{2+}, Fe^{2+}, Mn^{2+}, Fe^{3+} und Al^{3+} besetzt werden kann. Die Koordination des $M2$-Platzes ist variabel und kann zwischen 6 und 8 liegen. Sind die Kationen auf den $M1$- und $M2$-Plätzen etwa gleich groß, werden die beiden Plätze äquivalent und die Pyroxene sind orthorhombisch. Dies ist bei Enstatit ($Mg_2Si_2O_6$) und Ferrosilit ($Fe_2Si_2O_6$) und deren Mischkristallen der Fall. Besetzt ein größeres Kation wie Ca^{2+} den $M2$-Platz haben die Pyroxene monokline Symmetrie .

Struktur

Kristallsystem:	Orthopyroxene *orthorhombisch*
	Klinopyroxene *monoklin*
Kristallklasse:	Orthopyroxene $2/m2/m2/m$
	Klinopyroxene $2/m$
Raumgruppe:	Orthopyroxene *Pbca*
	Klinopyroxen $C2/c$; $P2_1/c$

Die Struktur der Pyroxene zeichnet sich durch die Tetraederketten $\parallel c$ aus, die eine Periodizität von 2 Tetraedern (Zellparameter $\sim$ 5.2Å) aufweisen. Erhöht sich diese Periodizität auf 3, 5, 7 oder 9 ist die Kette nicht mehr linear und man spricht von einer *Pyroxenoid*-Kette. Dieser Unterschied wird in Abbildung 6 deutlich.

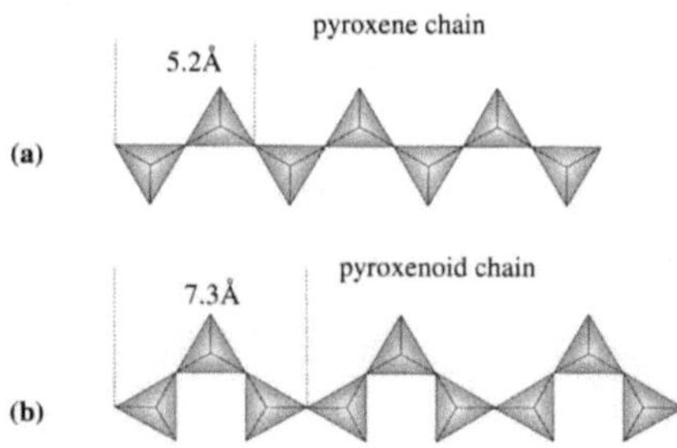

Abbildung 6: Ein Vergleich einer Einfachtetraederkette eines (a) Pyroxens mit einer Periodizität von zwei mit der eines (b) Pyroxenoids mit einer Periodizität von drei Tetraedern. [1]

Zu den Pyroxenoiden gehört das Mineral Wollastonit ($Ca_2Si_2O_6$; Periodizität 3).Im Klinopyroxen sind die Tetraederketten gegeneinander verschoben entlang a und der monokline Winkel β beträgt etwa 106°. Die Tetraederketten werden von den $M1$ und $M2$

Polyedern abgesättigt. Die $M1$-Kationen bilden hierbei kantenverknüpfte Oktaederketten zwischen den Spitzen der Tetraeder, während die flexibleren $M2$-Polyederketten entlang der Basen der Tetraeder verlaufen.

Eine weitere Möglichkeit sich der Pyroxenstruktur zu nähern ist mit Hilfe der *I-Beam* Repräsentation. Diese Art der Darstellung vereinfacht den Vergleich mit den Doppelkettensilikaten (vgl. Abbildung 7 und 11). Als I-Beam wird eine Einheit aus einem Paar

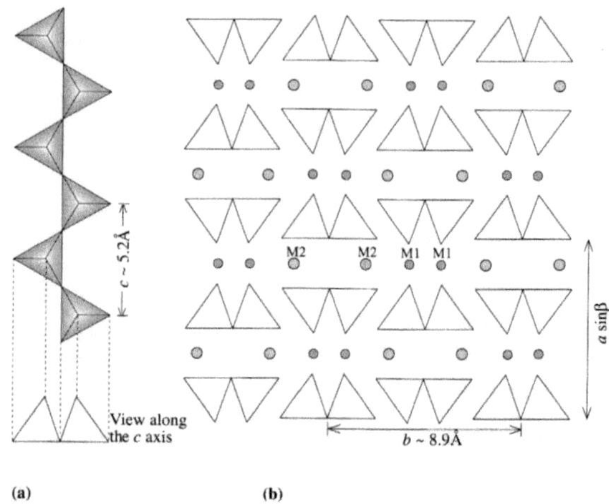

Abbildung 7: (a) Eine Pyroxenkette mit Blick entlang und mit Blick auf die c- Achse. (b) Schematische *I-Beam* Repräsentation mit Blick entlang der c- Achse. [1]

gegenüberliegender Tetraederketten und den dazwischenliegenden $M1$-Kationen genannt. Viele Informationen, die die Struktur des Pyroxens beschreiben können, sind bei einer solchen Darstellung direkt ablesbar. + oder − gibt die Orientierung der Oktaeder wieder. Blickt man auf die c-Achse kann eine Dreiecksfläche des Oktaeder nach unten (+) oder

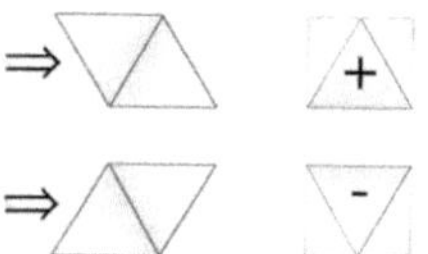

Abbildung 8: Definition von + und − Orientierung des $M1$- Oktaeders in Pyroxenen. [1]

oben (−) zeigen. Des Weiteren wird angegeben, ob die Ketten S- oder O-rotiert sind und ob sie äquivalente Ketten darstellen oder nicht (A und B).

Stabilität

Während die Tetraeder in ihrer Größe nahezu konstant bleiben, ändert sich die Größe der M-Plätze stark in Abhängigkeit von Druck, Temperatur und Chemismus. Der $M2$-Platz ist hierbei variabler als der $M1$-Platz. Eine Expansion oder Kontraktion der Oktaeder führt zu einer Rotation in der Tetraederkette. Dabei Rotieren die benachbarten Tetraeder stets in entgegengesetzter Richtung und bilden entweder eine O-rotierte oder eine S-rotierte Kette. Rotieren benachbarte Ketten nicht im gleichen Sinn, führt dies zu einem Symmetrieverlust der Raumgruppe. Ein Beispiel hierfür ist die Umwandlung von Hoch-

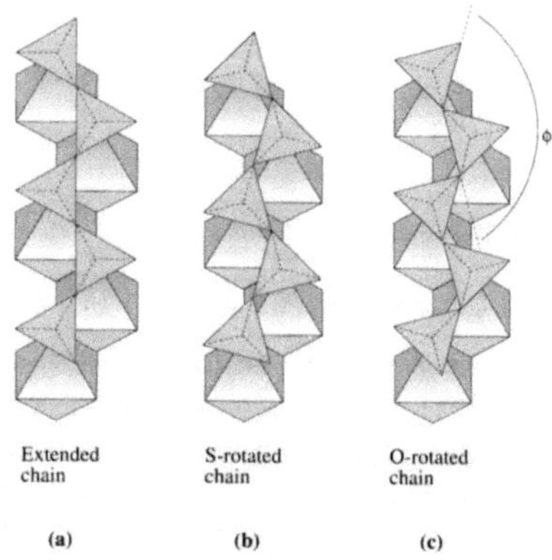

Abbildung 9: Die Verknüpfung einer Oktaeder- mit einer Tetraederkette (a) eine gerade Tetraederkette. (b) und (c) Eine Tetraederkette mit verkippten Tetraedern in unterschiedlichem Drehsinn. Die Tetraederkette ist dadurch verkürzt um etwa 4%. [1]

in Tiefpigeonit. Im Hoch-Pigeonit (Raumgruppe $C2/c$) sind die Tetraederketten nahezu linear (Kettenwinkel $\Phi 174°$) und die Ketten sind symmetrisch äquivalent. Bei geringeren Temperaturen können die kleineren Kationen auf den M-Plätzen der Kontraktion nicht entgegenwirken und die Kette verformt sich schlagartig (Je nach Zusammensetzung bei unterschiedlichen Temperaturen). Die Tetraeder benachbarter Ketten rotieren in entgegengesetzter Richtung. Bei Raumtemperatur weisen die nun nicht mehr äquivalenten Ketten Winkel Φ von $\sim 149°$ und $\sim 170°$ auf. Des Weiteren ändert sich die Koordination des $M2$-Platzes von 8 auf irreguläre 7. Die Symmetrie ändert sich von $C2/c$ auf $P2_1/c$. In Hochdruck-Metamorphiten wird mehr Aluminium auf den Oktaeder-Pätzen eingebaut. Da Aluminium 3-fach positiv geladen ist, im Gegensatz zum Mg^{2+}, wird gleichzeitig Na^+ für Ca^{2+} substituert (*gekoppelte Substitution*). Beim Omphazit ($Na_{0.5}Ca_{0.5}Al_{0.5}Mg_{0.5}Si_2O_6$) beispielsweise sind die alternierenden $M2$-Plätze von $\frac{1}{4}Na$, $\frac{3}{4}Ca$ und $\frac{1}{4}Ca$, $\frac{3}{4}Na$ besetzt wie in Abbildung 10 zu erkennen ist. Da die Plätze nun nicht mehr äqivalent sind, hat dies einen Verlust an Symmetrie zu Folge. Omphazit hat die

Raumgruppe $P2/n$.

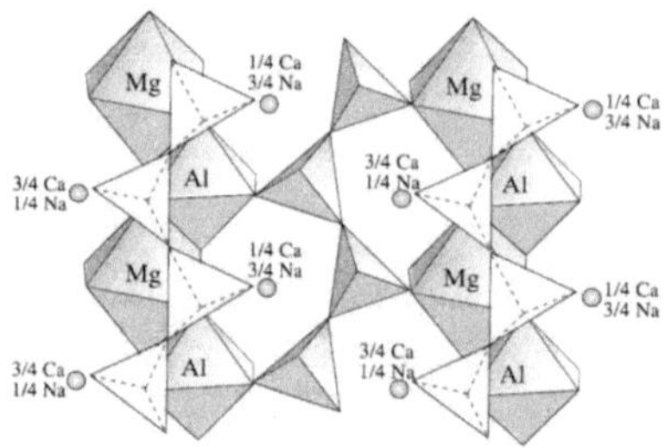

Abbildung 10: Die Struktur des Omphazits($Na_{0.5}Ca_{0.5}Al_{0.5}Mg_{0.5}Si_2O_6$). [1]

5.2 Amphibole

Amphibole haben die allgemeine Formel $A_{0-1}B_2C_5T_8O_{22}(OH,F)_2$, wobei der A-Platz durch Na^+, Ca^{2+} oder unbesetzt sein kann. Der B-Platz ($\equiv M4$-Oktaeder) kann durch Ca^{2+}, Na^+, Mg^{2+} und Fe^{2+} besetzt sein. Der C-Platz umfasst drei Oktaederplätze ($\equiv M1$, $M2$, $M3$ und kann durch Fe^{2+}, Mg^{2+}, Fe^{3+} und Al^{3+} besetzt sein. Auf dem Tetraederplatz T kann Aluminium für Silizium substituiert sein, jedoch maximal Al_2Si_6. Den Pyroxenen entsprechend gibt es auch hier Ortho- und Klinoamphibile.

Struktur

Kristallsystem:	Orthoamphibol *orthorhombisch*
	Klinoamphibol *monoklin*
Kristallklasse:	Orthoamphibol $2/m2/m2/m$
	Klinoamphibol $2/m$
Raumgruppe:	Orthoamphibol $Pnma$
	Klinoamphibol $C2/m$; $P2_1/m$

Die Tetraederketten in der Amphibolstruktur sind an jedem zweiten Tetraeder kantenverknüpft. Zwischen den Ketten liegt eine Spiegelebene, die auch bei einer Verzerrung der Ketten stets bestehen bleibt. Die $M1$-, $M2$- und $M3$-Kationen bilden kantenverknüpfte Oktaederketten zwischen den Tetraederspitzen. Die größeren $M4$-Kationen liegen zwischen den Basen der Tetraederketten. Die hexagonalen Ringe der Doppelketten bieten Platz für A-Kationen und OH^--oder F^--Ionen. Auch die Amphibolstruktur kann ganz analog zu den Pyroxenen mit Hilfe der I-Beam-Darstellung beschrieben werden.

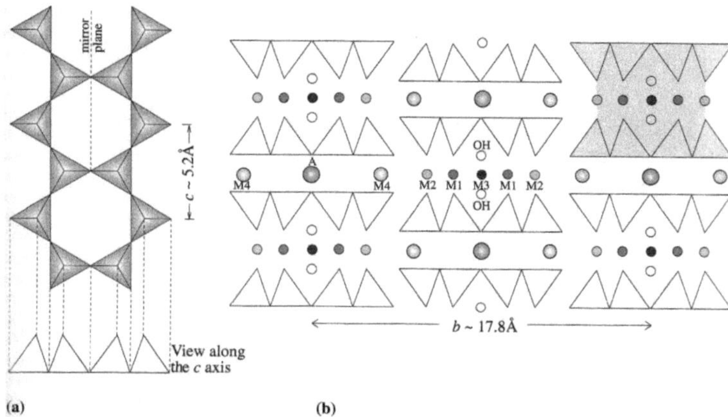

Abbildung 11: (a) Eine schematische Darstellung der Doppeltetraederketten entlang der c- Achse (In der Realität sind sie immer leicht rotiert). (b) Die I-Beam Repräsentation der Doppelkettensilikate. [1]

Stabilität

Auch in ihrem Verhalten bei Druck- und Temperaturänderungen entsprechen die Amphibole den Pyroxenen. Auch hier gibt es bei Abkühlung einen Phasenübergang durch Verzerrung der Ketten ($C2/m \rightarrow P2_1/m$). Es kommt jedoch lediglich zu einer O-Rotation der Ketten.

6 Schichtsilikate

Die Schichtsilikate umfassen Di- und Trioktaedrische Zwei-, Drei- und Vierschichtsilikate mit und ohne Zwischenkationen. Allen gemein sind die Schichten aus eckenverknüpften $[SiO_4]$- Tetraedern und eine Schicht aus kantenverknüpften Oktaedern. In der Tetraederschicht ist ein Tetraeder mit drei weiteren über Brückensauerstoffe verbunden und bildet eine zweidimensional unendliche Schicht. Die nicht verknüpften Spitzen ragen alle in eine Richtung und verbinden, wie in Abbildung 12 dargestellt, die Tetraeder- mit der Oktaederschicht über einen gemeinsamen Sauerstoff. Je nach Besetzung der Oktaederschicht werden di- und trioktaedrische Schichtsilikate unterschieden. Besetzt ein divalentes Kation (Fe^{2+}, Mg^{2+}) die Oktaeder sind alle Ladungen abgesättigt, wenn alle der drei Seiten des hexagonalen Rings besetzt sind. Eine solche Schicht wird *trioktaedrisch* genannt. Besetzt hingegen ein trivalentes Kation die Oktaeder (Fe^{3+}. Al^{3+}) sind die Ladungen bereits durch zwei Oktaeder abgesättigt (2/3 der Schicht ist besetzt). Demnach handelt es sich bei einer solchen Schicht um eine *dioktaedrische*.

Struktur

Kristallsystem: *triklin; monoklin*

Kristallklasse: $1, 2/m$

Raumgruppe: $P6mm$ (idealisiert) $C1$ (Kaolinit); $C2/m$ (Muskovit)

Aus der Grundbaueinheit aus einer Tetraeder- (T) und einer Oktaederschicht (O) werden Zwei-, Drei- und Vierschichtsilikate gebildet. Zweischichtsilikate wie Kaolinit ($Al_2Si_2O_5(OH)_4$) haben die einfachste Abfolge $T - O$, also ein Verhältnis Tetraeder- zu Oktaederschichten von 1 : 1. Die einzelnen Schichtpakete sind ladungsausgeglichen und zwischen ihnen wirken nur schwache Kräfte. Bei Dreischichtsilikaten wie Talk ($Mg_3Si_4O_{10}(OH)_2$) liegt eine Oktaeder- zwischen zwei Tetraederschichten ($T - O - T$). Das Verhältnis der Schichten liegt demnach bei 2 : 1. Diese Schichtstapel sind ebenfalls abgesättigt und zwischen ihnen wirken nur schwache Van der Waals Kräfte. Ist jedoch wie beim Muskovit ($KAl_2(AlSi_3)O_{10}(OH)_2$) für Silizium Aluminium auf den Tetraederplätzen substituiert, sind die Schichten nicht mehr abgesättigt und zwischen den Schichtpaketen werden Zwischenkationen (z.B. K^+) in die Struktur eingebaut. Bei den Vierschichtsilikaten ist mehr Aluminium auf den Tetraederplätzen vorhanden und es wird eine weitere Oktaederschicht (Gibbsit $Al(OH)_3$ oder Brucit $Mg(OH)_2$) als Zwischenschicht eingebaut. Die Verhältnis liegt nun bei 2 : 1 : 1. Dies ist beispielsweise bei der Chlorit-Gruppe der Fall.

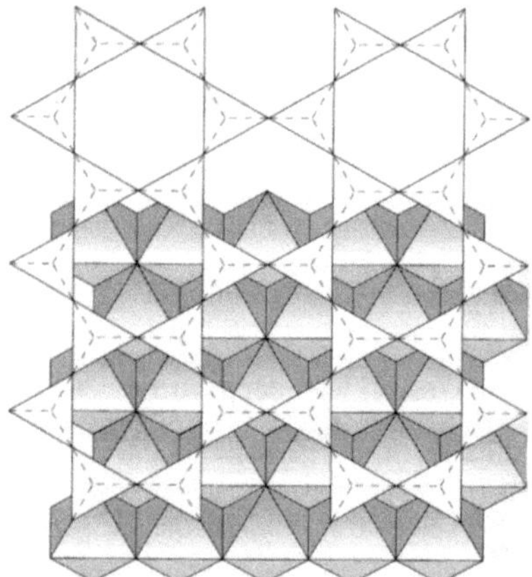

Abbildung 12: Die Verknüpfung der Tetraeder- mit der Oktaederschicht in Schichtsilikaten. [1]

7 Gerüstsilikate

Bei den Gerüstsilikaten sind alle Tetraederecken mit anderen Tetraedern verknüpft. Es ergibt sich ein dreidimensional unendliches Netzwerk. Besteht die Struktur nur aus $[SiO_4]$-Tetraedern sind alle Bindungen abgesättigt und die Formel kürzt sich auf SiO_2. Besetzt jedoch auch Aluminium Tetraederplätze werden Ionen wie K^+, Na^+ oder Ca^{2+} in das Gerüst eingebaut. Dies ist bei der am weitesten in der Erdkruste vertretenen Mineralgruppe, den Feldspäten, der Fall. Auf Grund der 'Offenheit' der Struktur spielen kleinere Ionen wie Mg^{2+} oder Fe^{2+} kaum eine Rolle bei den Gerüstsilikaten. Je nach Dichte der Tetraeder (Anzahl der Tetraeder pro 1000/ Å^3) spricht man von dichten (> 20) und offenen Strukturen.

7.1 SiO_2 - Phasen

Die häufigste SiO_2- Phase ist Quarz (α und β Quarz), der in unterschiedlichen Varietäten wie beispielsweise Rosenquarz, Tigerauge, Achat oder Rauchquarz auftreten kann. Des Weiteren gehören in diese Gruppe der Tridymit, Coesit, Stishovit und der Cristobalit, die jeweils bei unterschiedlichen Druck- und Teperaturbedingungen stabil sind.

Struktur

Kristallsystem: α-Quarz *trigonal*
Kristallklasse: 32
Raumgruppe: L-Form $P3_121$ R-Form $P3_221$

Quarz ist chiral, das bedeutet, dass es eine Links- und eine Rechtsform gibt. Unterschieden wird dies makroskopisch anhand der charakteristischen Trapezoederfläche. Die Struktur von Hochquarz basiert wie in Abbildung 14 dargestellt ist auf Ketten von Helices parallel c, die wiederum miteinander kantenverknüpft sind und größere Doppelspiralen bilden. Nach drei Umdrehungen der Spiralen wiederholt sich die Struktur. Die SiO_4- Tetraeder liegen auf vertikalen Höhen $0, 1/3, 2/3$. Da die Spiralen links- oder rechtsdrehend sein können ergibt sich die Enantiomorphie.

Stabilität

Bei den SiO_2- Phasen werden zwei Mechanismen unterschieden eine neue Modifikation zu erhalten. Bei der *rekonstruktiven* Transformation werden Bindungen gelöst und finden sich neu wieder zusammen. Dies ist beim Übergang von β- Quarz in Tridymit bei $857°C$ und beim Übergang von Tridymit in Cristobalit der Fall. Die Strukturen von Tridymit und Cristobalit können als Schichtstrukturen beschrieben werden. Beide sind aufgebaut aus zweidimensionalen Schichten hexagonaler Ringe, die sich in unterschiedlicher Abfolge stapeln. Tridymit hat die Abfolge $ABABAB$ parallel zur (001) Fläche. Bei Cristobalit wiederholen sich sich Schichten in $ABCABCABC$ Folge entlang der (111) Fläche. Quarz, Tridymit und Cristobalit haben Hoch- und Tiefformen (α und β-Formen). Die Tiefformen stellen eine „verknitterte" Hochform dar, durch leichte Verkippungen, die in Abbildung 13 dargestellt sind, in den Bindungswinkeln werden die Bindungen verkürzt und so den niedrigeren Temperaturen angepasst. Dies führt zu einer Erniedrigung der Symmetrie. Die hexagonale Symmetrie des Hochquarz geht verloren und es bleibt lediglich eine trigonale Symmetrie erhalten. Eine solche Transformation wird als *displaziv* bezeichnet.

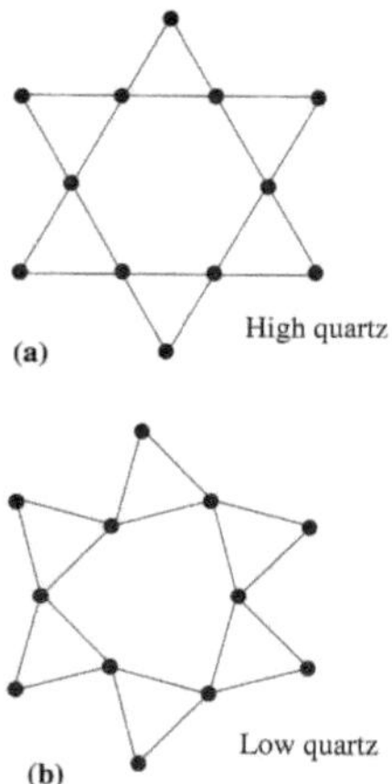

Abbildung 13: (a) Eine Projektion der *Si*- Atome auf die *ab*- Ebene im Hochquarz. (b) Durch eine Verzerrung der Struktur geht die hexagonale Symmetrie verloren. [1]

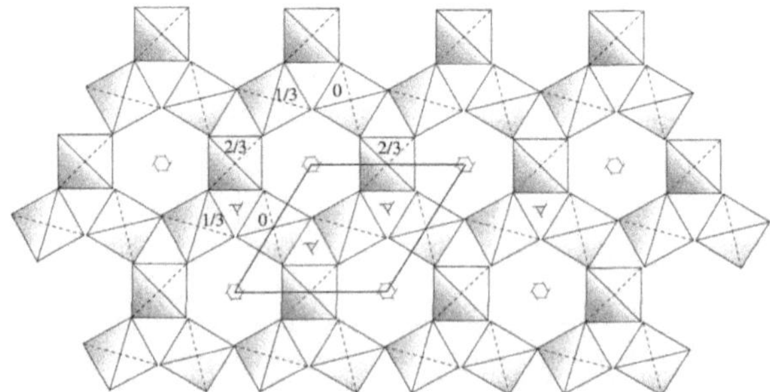

Abbildung 14: Struktur von Hochquarz, projiziert auf die *ab*-Ebene. Die Elementarzelle ist gekennzeichnet. [1]

7.2 Feldspäte

Feldspäte haben die allgemeine Formel MT_4O_8. Der T-Platz umfasst zwei topologisch unterschiedliche Tetraederplätze. Die $T1$-Tetraeder sind über eine 2-zählige Achse miteinander verknüpft, die $T2$ über eine Spiegelebene. Auf den Tetraederplätzen sitzen Si und Al (25 − 50%). Die M-Plätze können von Na^+, K^+, Rb^+, Ca^{2+}, Sr^{2+} oder Ba^{2+} besetzt sein. Die häufigsten natürlichen Feldspäte liegen im Kalifeldspat - Albit - Anorthit Dreieck. Über Temperaturen von $900°C$ existieren zwei Mischkristallreihen. Die Alkalifeldspäte zwischen Albit und Kalifedspat und die Plagioklase zwischen Albit und Anorthit. Unterhalb dieser Temperatur teilt eine Mischungslücke die Alkalifeldspäte in Perthite und Antiperthite.

Struktur

Kristallsystem: *monoklin*
Kristallklasse: $2/m$
Raumgruppe: $C2/m$

Der Grundbaustein der Feldspäte besteht aus vier Tetraedern, von denen zwei nach oben und zwei nach unten ragen. Diese Ringe sind zu Schichten verknüpft ($\perp a$). Entlang der a-

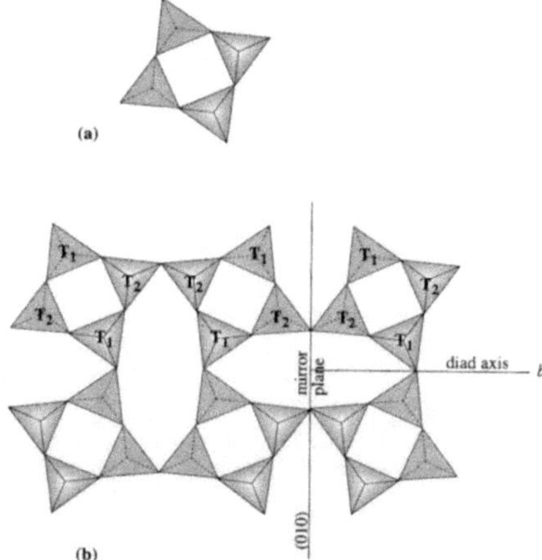

Abbildung 15: (a) Grundbaueinheit der Feldspäte. Ein Viererring aus SiO_4- Tetraedern, von denen zwei nach unten und zwei nach oben ragen. (b) Die Grundbaueinheiten sind durch eine Spiegelebene (parallel (010)) und eine zweizählige Achse (parallel b) miteinander verknüpft. [1]

Achse bilden sie eine *zick-zack*-förmige Anordnung, die auch als Kurbelwelle (*crankshaft*) bezeichnet wird. Beim Kalifeldspat werden die Lücken von K^+-Ionen besetzt. Je nach Abkühlungsgrad bildet sich Sanidin, Orthoklas oder Mikroklin. Sie unterscheiden sich in der Verteilung von Aluminium und Silizium. Während der Sanidin schnell abgekühlt ist, hatte der Mikroklin mehr Zeit um Silizium und Aluminium zu ordnen. Da keine statistische Verteilung mehr gegeben ist, erniedrigt sich die Symmetrie auf $C\bar{1}$. Besetzt Na^+ die Lücken kommt es zu einem Kollaps der Struktur, da Natrium deutlich kleiner ist als Kalium (etwa 50%). Die Symmetrie erniedrigt sich bei Albit ebenfalls auf $C\bar{1}$ (unterhalb von 980°C).

Im Anorthit ist die Hälfte des Siliziums durch Aluminium ersetzt. Das kleinere Calziumion kann die monokline Symmetrie nicht aufrecht erhalten. Des Weiteren liegt im allgemeinen eine Al, Si Ordnung vor, was die Elemtarzelle entlang der c- Achse verdoppelt. Die Raumgruppe des „geordneten" Anorthits lautet $I\bar{1}$. Kommt es zu einer kompletten Unordnung hat Anorthit die gleiche Symmetrie wie der Hoch-Albit, $C\bar{1}$. Zwischen Albit und Anothit besteht eine Mischungsreihe, die Plagioklase. Auf Grund des Ladungsausgleichs ist der Al, Si- Austausch gekoppelt mit dem von Na und Ca.

$$Na^+ + Si^{4+} \; = \; Ca^{2+} + Al^{3+} \tag{4}$$

Stabilität

Mit steigenden Temperaturen wird die Mischungslücke im Feldspat-Dreieck (Abbildung 16) kleiner, sie bleibt jedoch immer bestehen.

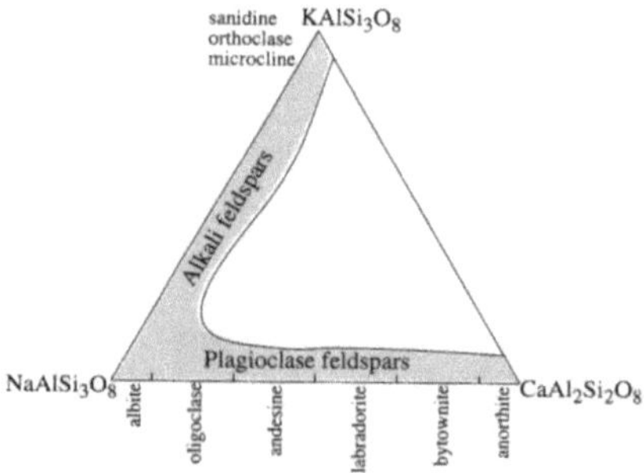

Abbildung 16: Das Feldspat-Dreieck mit dem Ausmaß der Mischbarkeit bei hohen Temperaturen. [1]

Die Mischungslücke zwischen Perthiten und Antiperthiten wird auch als Zwei-Feldspat-Geothermometer genutzt. Wird mit sinkender Temperatur der Solvus erreicht beginnt die Entmischung in zwei Feldpäte (Diffusiver Prozess). Es bilden sich je nach

Zusammensetzung des Wirtskristalls Albit-reiche-Lamellen in einem Kalifeldspat (Kfsp)-reichen Alkalifeldspat oder Kfsp-reiche-Lamellen in einem Albit-reichen Alkalifeldspat (*perthitische* und *antiperthitische* Entmischung). Beide Lamellenarten sind grob nach ($\overline{8}01$) orientiert. Je nach Größe der Entmischungslamellen werden *Makroperthite* (makroskopisch mit Auge oder Lupe sichtbar), *Mikroperthite* (mit dem Mikroskop sichtbar) und *Kryptoperthite*(mit dem Elektronenmikroskop sichtbar) unterschieden. Das binäre System Albit- Kalifeldspat ist druckabhängig.

7.3 Feldspatvertreter

Die Feldspatvertreter (auch Foide oder Felspatoide genannt) unterscheiden sich von den Felspäten in einem geringeren Gehalt an SiO_2. Die Foide Kalsilit ($KAlSiO_4$) und Nephelin ($NaAlSiO_4$) können als gestopfte Tridymitstruktur beschrieben werden (*stuffed tridymites*). Das bedeutet, dass sie Tridymitstruktur haben, in der die Hälfte des Siliziums durch Aluminium ersetzt ist und in den Ringen Ionen wie Na^+ oder K^+ sitzen. Foide können in Gesteinen nicht neben einer SiO_2-Phase auftreten, da sich sonst die entsprechenden Feldspäte bilden.

7.4 Zeolithe

Zeolithe sind mikroporöse Gerüststrukturen aus $[SiO_4]$- und $[AlO_4]$- Tetraedern, die für Moleküle zugängliche Poren oder Hohlräume aufweisen (Porendurchmesser 0.4 - $2nm$). Es gibt eine weite Bandbreite an natürlichen und synthetischen Zeolithen. Exemplarisch wird hier der Sodalith näher betrachtet.

Struktur

Kristallsystem:	*kubisch*
Kristallklasse:	$\overline{4}3m$
Raumgruppe:	$P\overline{4}3n$ (natürlicher Sodalith)

Sodalithe haben die allgemeine Formel $|Na_8^+ Cl_2^-|[Al_6Si_6O_{24}]$- SOD. In $||$ sind Gast-Kationen und Gast-Anionen dargestellt, das heißt Kationen oder Anionen, die in den Poren sitzen. In den eckigen Klammern sind die Tetraederplätze wiedergegeben, die das Gerüst aufbauen. SOD gibt nach der IUPAC Kommission für Zeolith-Nomenklatur den Gerüststrukturtyp wieder, hier also den Sodalith-Strukturtyp.

Sodalith ist aus den in Abbildung 17 dargestellten β- Käfigen aufgebaut (auch Sodalith-Käfige genannt). Er stellt ein reguläres abgestumpftes Oktaeder dar mit sechs Vierecken und acht Sechsecken (Flächensymbol $4^6 6^8$). Er füllt den Raum lückenlos aus,

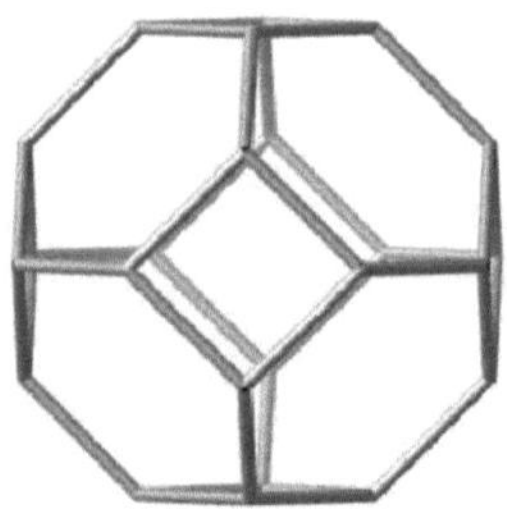

Abbildung 17: Der Sodalithkäfig. [2]

ist somit ein *Fedorov*-Polyeder. Im Zentrum des Käfigs können sowohl Moleküle, Ionen als auch Elektronen (*unpaired electrons*) sitzen.

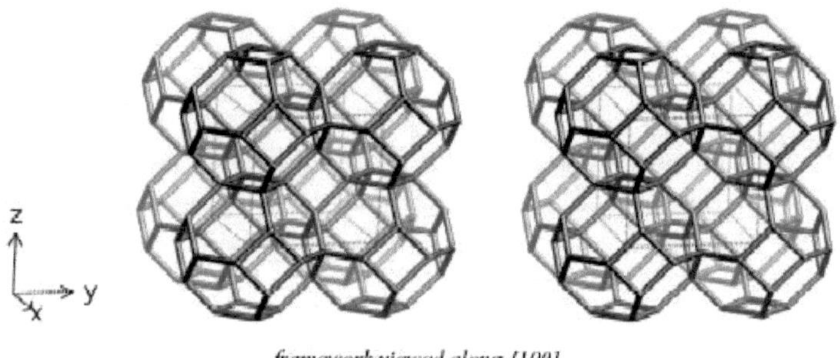

Abbildung 18: Schematische Darstellung der Sodalithstruktur. [2]

Stabilität

Das Zeolith-Gerüst ist sowohl mechanisch- als auch thermisch sehr stabil. Beim Erhitzen tritt lediglich das Porenwasser aus (in natürlichen Zeolithen ist immer H_2O in den Poren enthalten). Dieser Eigenschaft verdanken Zeolithe auch ihren Namen, denn beim Erhitzen sieht es aus, als würde der Zeolith sieden (griech. $\xi\epsilon\iota\nu$ sieden – $\lambda\iota\theta o\sigma$ Stein). Durch den Einbau kleinerer Kationen im Gerüst (nicht als Gast) kann das Zeolith-Gerüst kollabieren. Die Tetraeder drehen sich in entgegengesetzte Richtung (Dreheung aller Tetraeder = Tilt) und die Symmetrie der Struktur ändert sich von $Im\overline{3}m$ (ideale Sodalith-Struktur) nach $I\overline{4}3m$ (Bei alternierenden $Al - Si\ P\overline{4}3n$).

Literatur

[1] Putnis, Andrew (1992): *Introduction to Mineral Science.* Cambridge University Press, Cambridge.

[2] Ch. Baerlocher, W.M. Meier and D.H. Olson (2001): *Atlas of Zeolite Framework Types.* 5th revised edition, ISBN: 0-444-50701-9.

Abbildungsverzeichnis